En el principio
creó Dios los cielos...

las estrellas

The Bible Tells Me So Press

En el principio creó Dios los cielos...

las estrellas

Un libro para niños producido por
The Bible Tells Be So Press

Traducido del inglés.
Título original: In the Beginning God Created...The Stars
(Spanish translation)

PUBLICADO POR
THE BIBLE TELLS ME SO CORPORATION
WWW.THEBIBLETELLSMESO.COM

Primera impresión, septiembre 2025.

Si miras al cielo cuando es de noche en una ciudad iluminada, probablemente veas algo como esto.

Pero si te vas de viaje
lejos de las luces de la ciudad,
verás algo como...

esto.

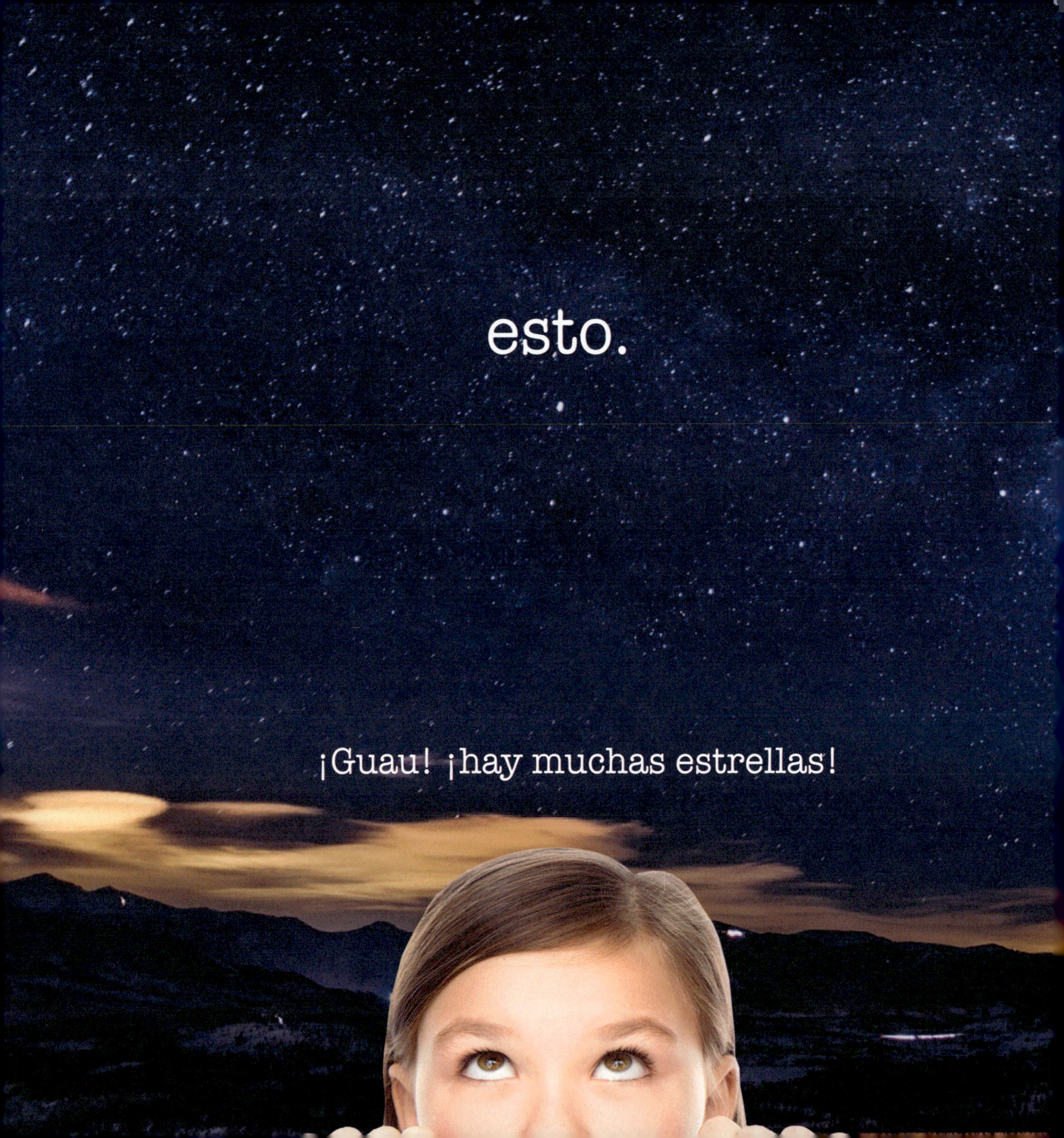

¡Guau! ¡hay muchas estrellas!

Claro que no han llegado ahí por accidente.
Dios las creó todas.

Hay como unos
cien mil pelos
en tu cabeza.

Ese número se ve así:

100.000

¿Cuántas estrellas crees
que hay en el universo?

Por supuesto,
es imposible
contarlas todas.

Pero en 2017, los científicos estimaron que hay al menos

¡1 septillón*

de estrellas ahí fuera!

* 1 millón de billones según el sistema europeo

Ese número se ve así:

1.000.000.
000.000.
000.000.
000.
000

¡Y probablemente haya muchas
más estrellas ahí fuera!

Nuestro maravilloso Dios,
quien es mucho más grande que el universo,
¡creó cada una de ellas!

Las estrellas no sólo son bonitas,
sino que también son muy útiles.

Por siglos,
los exploradores han usado las estrellas
para ayudarles a encontrar su camino.

Una de las estrellas
más brillantes del cielo
se llama estrella polar.

Sin importar en qué parte del mundo estés, la estrella polar siempre te indicará en qué dirección está el polo Norte.

Y si puedes saber en qué dirección está el norte,
¡también puedes descubrir las otras direcciones!

Los agricultores también han mirado
a las estrellas para tener un seguimiento
de las estaciones.

Esto les ha ayudado a saber cuándo plantar y cosechar sus cultivos.

Cuando mires esas asombrosas estrellas
en el gran cielo nocturno,

quizás te sientas
diminuto
y un poco abrumado.

Y eso es tal y como debe ser.

Aunque
seas pequeño,
es maravilloso saber
que nuestro gran Dios, quien creó
todas esas estrellas de ahí arriba,

te conoce
y te ama mucho.

Así que, si nunca has visto
esas increíbles estrellas,

pide a tus padres
que te lleven a un lugar
donde puedas verlas con claridad.

Después,
mientras las miras
asombrado...

toma un momento

para agradecer a Dios.

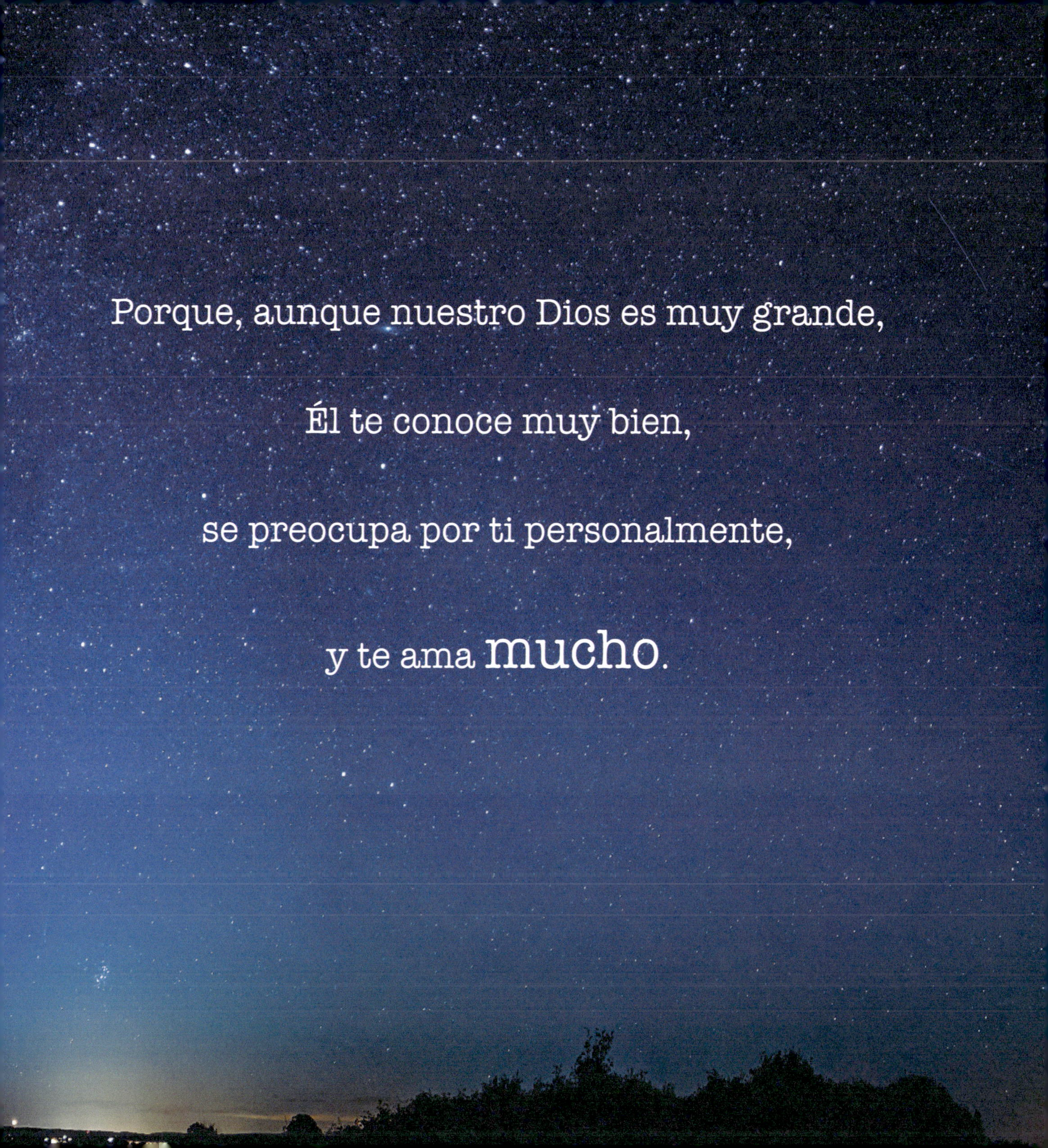

Porque, aunque nuestro Dios es muy grande,

Él te conoce muy bien,

se preocupa por ti personalmente,

y te ama **mucho**.

Cuando veo Tus cielos,
obra de Tus dedos,
la luna y las estrellas,
que has establecido,
¿qué es el hombre mortal,
para que te acuerdes de él,
y el hijo del hombre,
para que le visites?

Salmos 8:3-4

Para más libros, vídeos, canciones y manualidades, visítenos en línea en:
LaBibliadiceasi.com

La Biblia dice así .com ™

¡Crecemos basados en la Biblia!

Made in the USA
Monee, IL
05 November 2026

67380365R00024